BEI GRIN MACHT SICH IHR WISSEN BEZAHLT

- Wir veröffentlichen Ihre Hausarbeit,
  Bachelor- und Masterarbeit

- Ihr eigenes eBook und Buch -
  weltweit in allen wichtigen Shops

- Verdienen Sie an jedem Verkauf

Jetzt bei www.GRIN.com hochladen und kostenlos publizieren

Bibliografische Information der Deutschen Nationalbibliothek:

Die Deutsche Bibliothek verzeichnet diese Publikation in der Deutschen National-
bibliografie; detaillierte bibliografische Daten sind im Internet über http://dnb.d-
nb.de/ abrufbar.

Impressum:

Copyright © 2017 GRIN Verlag
Druck und Bindung: Books on Demand GmbH, Norderstedt Germany
ISBN: 9783668788879

Dieses Buch bei GRIN:

https://www.grin.com/document/439333

Stefanie Seebacher

Der Jihadismus in der Sahelzone Afrikas

GRIN Verlag

GRIN - Your knowledge has value

Der GRIN Verlag publiziert seit 1998 wissenschaftliche Arbeiten von Studenten, Hochschullehrern und anderen Akademikern als eBook und gedrucktes Buch. Die Verlagswebsite www.grin.com ist die ideale Plattform zur Veröffentlichung von Hausarbeiten, Abschlussarbeiten, wissenschaftlichen Aufsätzen, Dissertationen und Fachbüchern.

Besuchen Sie uns im Internet:

http://www.grin.com/

http://www.facebook.com/grincom

http://www.twitter.com/grin_com

Freie Universität Berlin

Institut für Geowissenschaften

Hausarbeit im Modul:

Spezielle Themen der Geographie

Seminar: Die Sahelzone Afrikas

3. Fachsemester   WS 2016/17

JIHADISMUS IN DER SAHELZONE AFRIKAS

Seebacher Stefanie

Abgabe: 15.03.2017

Inhaltsverzeichnis

Zusammenfassung

Salafismus und insbesondere Jihadismus breiten sich auf der gesamten Welt immer mehr aus. Besonders die prekäre Lage in der Sahelzone gibt den Kämpfern, die für den „wahren Islam" eintreten und brutale Gewalt ausüben, Platz, um sich auszubreiten. Hierbei liegt das Problem vor allem in der Instabilität der Staaten, der Korruption, aber auch in der Perspektivlosigkeit vieler junger Erwachsener. Auch der Drogenschmuggel und Lösegeld-Erpressungen sorgen dafür, dass jihadistische Gruppen an Macht gewinnen. Diese Arbeit beschäftigt sich nun mit der Situation von Extremismus und Radikalisierung in der Sahelzone Afrikas.

Einleitung

Eine Facette des Islams ist der Islamismus, heute bekannt als Salafismus. Diese Strömung entstand in etwa in den 1920er Jahren und grenzt sich von dem religiösen Alltag der meisten Muslime ab. Im Mittelpunkt der Aufmerksamkeit steht dabei jedoch wieder eine Abgrenzung innerhalb der Salafisten und zwar die Jihadisten, welche durch extreme Gewalt auffallen (vgl. Seidensticker 2016, S. 7). Jihadismus ist mittlerweile auf der gesamten Welt verbreitet und die einzelnen Gruppen kämpfen gegen die westliche Erziehung und für die Einführung der Sharia, des Islamischen Rechts.

Abbildung 1 zeigt verschiedene Jihadistische Gruppen verteilt über Afrika, Asien und Australien.

Abb. 1: Weltkarte Jihadismus (Quelle: Jörger 2014).

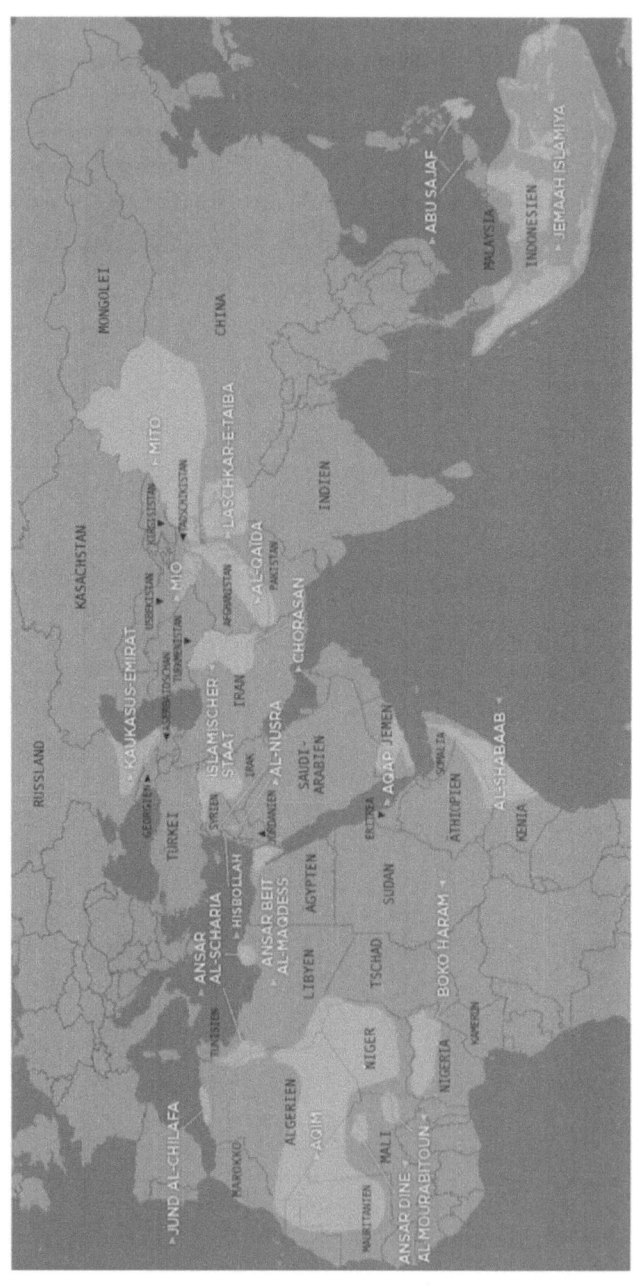

Diese Arbeit beschäftigt sich nun mit dem Jihadismus in Afrika, insbesondere in der Sahelzone. Zur Sahelzone zählen die Staaten Mauretanien, Senegal, Mali, Burkina Faso, Niger, Tschad, Sudan und der Nordosten von Äthiopien (vgl. Kußerow 2014, S. 117).

Inhaltlich gliedert sich die Arbeit in eine kurze Einführung in den Salafismus, wobei auch auf die Verbreitung in Afrika eingegangen wird. Der Hauptteil der Arbeit beschäftigt sich mit Jihadismus, dabei wird der Begriff erklärt und die Situation in Afrika beleuchtet, insbesondere die jihadistischen Gruppen in Mali und Nigeria. Abschließend wird im Fazit nochmals die Lage diskutiert und die Problematik mit Lösungsversuchen dargestellt.

1. Salafismus

Der Salafismus wird als religiöse Strömung innerhalb des Islams gesehen und soll den Begriff „Islamismus" oder auch „islamistischer Extremismus" im 20. Jahrhundert abgelöst haben. Es gibt viele Definitionen des Islamismus, die meist durch verschiedene Ansichten und Interessen geprägt sind (vgl. Seidensticker 2016, S, 9- 14). Seidensticker definiert Islamismus folgendermaßen:

„Beim Islamismus handelt es sich um Bestrebungen zur Umgestaltung von Gesellschaft, Kultur, Staat oder Politik anhand von Werten und Normen, die als islamisch angesehen werden" (Seidensticker 2016, S. 9).

Der Begriff Salafismus wird vom arabischen Wort al-salaf al-salih abgeleitet und geht auf die ersten drei Generationen von Muslimen im 7. Jahrhundert zurück. Es wird angenommen, dass die ersten drei Generationen eine besonders „reine" Form des Islams ausgeübt haben und die Salafisten wollen danach leben und die Ungläubigen (Kuffar) auf den richtigen Weg führen. Ihr Wissen über den „wahren Islam" entnehmen sie dem Koran und der Sunna und als oberstes Ziel gilt die Einführung des islamischen Rechts, der Sharia (vgl. Schröter 2015, S. 1).

Schröter definiert Salafismus als Gruppe innerhalb des Islams.

„Der Salafismus stellt eine schnell wachsende Bewegung innerhalb des Islam dar und er existiert in allen Ländern, in denen sunnitische Muslime leben" (Schröter 2015, S. 2).

Eine Trennung zwischen konservativen Muslimen, also denen, die nicht nach salafistischen Ideologien leben, und salafistischen Muslimen ist aber nicht einfach, da sich meist auch dem Salafismus verschriebene Muslime als Muslime sehen und in diesem Sinne keine Abgrenzung vornehmen. Sie grenzen sich jedoch stark von der Ideologie ab und behaupten, nur ihre Ansicht des Islams sei der wahre Islam (vgl. Schröter 2015, S. 1).

Grundsätzlich können drei Typen von salafistischen Gruppierungen unterschieden werden. Die Puristen oder auch Quietisten, welche vor allem die Lehre des Islams durch Missions- und Bildungsarbeit verbreiten wollen. Sie sind meist friedlich und werden dadurch auch von anderen salafistischen Gruppierungen kritisiert. Eine weitere Gruppierung sind die politischen Salafisten. Sie wollen vor allem die Einführung eines islamischen Staats durch politische Bestrebungen vorantreiben und beteiligen sich an Wahlen. Sie nehmen zwar nicht aktiv am bewaffneten Kampf gegen die Ungläubigen teil, jedoch Befürworten sie deren Methode. Die dritte Gruppe sind die Jihadisten, welche den bewaffneten Kampf gegen die Ungläubigen führen (vgl. Elischer 2014, S. 2). Auf eben jene Gruppe, die Jihadisten, konzentriert sich diese Arbeit, wobei dabei das Augenmerk auf der Situation in Afrika, besonders in der Sahelzone, liegt. Zunächst jedoch noch eine kleine Einführung über den Salafismus und dessen Verbreitung in Afrika.

2. Verbreitung des Salafismus in Afrika

In Afrika herrschte in der muslimischen Gemeinschaft nie eine religiöse Einheit. Es kam immer wieder zu Auseinandersetzungen zwischen arabisch-fundamentalistischen Strömungen und Anhängern des Sufismus. Sufismus ist eine Strömung des Islams, welche den Koran mit dem ortsgebundenen Kontext in Verbindung setzt. Die Salafisten sehen diese Auslegungen jedoch kritisch und sehen eine Gefährdung der Reinheit der islamischen Lehre. Seit Beginn des 20. Jahrhunderts gewinnt der Salafismus immer mehr an Bedeutung und mittlerweile ist er die am schnellsten wachsende Denkschule in Afrika. Vor allem die Demokratisierung der 1990er Jahre und die freie Religionsausübung trug dazu bei, dass sich der Salafismus etablieren und ausbreiten konnte. Vor allem die schlechte sozioökonomische und wirtschaftliche Lage in Afrika veranlasst viele, sich zum Salafismus zu bekennen. Denn durch Wohlfahrtsverbände, vor allem von der arabischen Halbinsel, können die Salafisten der Bevölkerung geben, wozu der Staat nicht fähig ist. Dies betrifft vor allem Sicherheit, Gesundheit und Bildung. Durch Koranschulen wird die Bevölkerung im Sinne des „wahren Islams" gebildet und dies fördert wiederum die Ausbreitung.

Die nachfolgende Abbildung 2 zeigt einige dieser Wohlfahrtsverbände mit deren Herkunftsland und die Art der Güter und Dienstleistungen, welche durch sie bereitgestellt werden.

Verband	Herkunftsland	Arbeitsbereich
Crescent Welfare Society Schools	Vereinigte Arabische Emirate	Bildung
Africa Muslims Agency	Kuweit	Gesundheit und Bildung
Africa Relief Committee	Kuweit	Bildung
World Assembly of Muslim Youth	Saudi-Arabien	Bildung und Jugendarbeit
Muslim World League	Saudi-Arabien	Moscheebau, Wasserbau, Ernährung
Qatar Charitable Organization	Katar	Armutsbekämpfung
Ummah Welfare Trust	Großbritannien	Humanitäre Hilfe
Islamic Relief USA	Vereinigte Staaten	Gesundheit und Wasserbau

Abb. 2: Islamistische Wohlfahrtsverbände in Afrika (Quelle: Elischer 2014, S. 4).

Dabei wird bezweifelt, dass Gruppen, welche dem Salafismus angehören, friedlich mit anderen Muslimen oder auch anderen Religionen zusammenleben können. Es gibt sogar Annahmen, dass sich friedliche Puristen zu politischen Salafisten bis hin zu kämpferischen Jihadisten weiterentwickeln. Auch Elischer verfolgte diese Theorie und untersuchte die sieben afrikanischen Länder Nigeria, Mali, Niger, Somalia, Kenia, Äthiopien und Südafrika. Dabei betonte Elischer, dass dies keine ausreichende Studie sei, um die Annahmen endgültig zu falsifizieren oder zu verifizieren. Die Analyse gab jedoch Aufschluss über die bisherige Entwicklung in den verschiedenen Ländern und es konnte keine Entwicklung hin zu gewaltbereiten Jihadisten bestätigt werden. Somit kann man Salafisten nicht mit radikalen Jihadisten gleichsetzen.

3. Jihadismus

3.1. Begriffserklärung

Jihadismus leitet sich vom arabischen Wort „jihad" ab. Der Jihad geht auf den Propheten Mohammed zurück, welcher kriegerische Auseinandersetzungen mit dem nichtmuslimischen Volk hatte, und wird als Verteidigung des Islams angesehen. Dabei wird zwischen dem großen Jihad (jihad al-akbar) und dem kleinen Jihad (jihad al-ashgar) unterschieden. Der große Jihad bezieht sich hierbei auf die Person selbst und betrifft den Kampf gegen den „inneren Schweinehund". Der kleine Jihad beschreibt den Kampf gegen die „Ungläubigen". Wobei alle als ungläubig angesehen werden, die nicht nach den Vorstellungen des Islams leben. Der Jihad wird als Pflicht eines jeden Mannes gesehen und der Tod als Märtyrer auf Gottes Weg, mit dem Eingang ins Paradies und mit 72 Jungfrauen belohnt (Schröter 2015, S. 1).

3.2. Jihadistische Salafisten

Eine Abgrenzung zwischen jihadistischen Salafisten und Jihadisten, welche nicht dem Salafis-mus angehören, ist schwer und nicht immer klar vollziehbar. Daher werden die Jihadisten meist als radikalisierte Untergruppe des Salafismus angesehen. Für die Jihadisten steht der Kampf im Heiligen Krieg an erster Stelle.

Historisch gesehen gibt es seit den 1970er Jahren einen Diskurs über die Legitimität des Jiha-dismus und seine politischen Motive. Dabei haben sich drei Denkschulen abgezeichnet, auf welche der Jihadismus beruht. Dazu zählen die Nationalisten, die klassischen Internationalis-ten und die antiwestlichen Internationalisten.

Die Nationalisten beschränken sich auf den Kampf gegen die Regierung im jeweiligen Heimat-staat. Ihr Kampf ist dem „nahen Feind" verschrieben.

Die klassischen Internationalisten führen ihren Kampf gegen besetzte muslimische Gebiete und kämpfen um deren Befreiung.

Die antiwestlichen Internationalisten führen ihren Kampf gegen die westliche Welt, vor allem gegen die USA.

Zu erwähnen bleibt, dass sich viele Nationalisten und auch klassische Internationalisten den antiwestlichen Internationalisten um 2001 anschlossen (Steinberg 2012, S. 4-5).

3.3. Jihadismus in Afrika

In vielen Gebieten in Afrika, in denen Jihadismus verbreitet ist, besitzt der Staat wenig Legiti-mität. Die Regierung kann meist nicht für Sicherheit garantieren und der Bevölkerung mangelt es an Vertrauen. Es entsteht ein Vakuum, das die Regierung nicht füllen kann. Jihadistische Gruppen nutzen dies aus und versorgen die Bevölkerung mit dem, was der Staat ihnen nicht geben kann. In den Sahelgebieten kommt dazu, dass sich die Bevölkerung der Peripherie meist zu ihren Nachbarn auf der anderen Seite der Grenze näher und verbundener fühlt als zu der eigenen meist küstennahen Hauptstadt. Dies zeigt sich zum Beispiel in Mali, wo Jiha-disten im Norden mehr Interesse an den Nachbarländern Mauretanien, Libyen, Algerien und Niger zeigen als an der Hauptstadt Bamako.

Die jihadistischen Gruppen versuchen einen Nationalstaat zu schaffen, jedoch verfolgen sie auch immer mehr eine transnationale Weltsicht, die eine weltumspannende islamische Ge-meinschaft anstrebt (vgl. Steinberg/ Weber 2015, S. 7- 8).

Die nachfolgende Abbildung 3 gibt Aufschluss über die Stabilität einzelner afrikanischer Län-der. Dabei indizieren grün hinterlegte Felder die Zeiten der Stabilität und rot hinterlegte Felder von Unruhen dominierte Jahre. Mit einem X versehene Felder kennzeichnen Jahre, in welchen

Putschversuche gegen den Staat stattfanden. Mit einem C markierte Felder zeigen militärische Konflikte inklusive Rebellionen. PU steht für Politische Unruhen und T für Terrorismus. Sichtbar wird, dass Terrorismus ab 2003 in Mali und Niger zur Destabilisierung des Landes führten.

	Mauritania	Mali	Niger	W. Sahara	Algeria	Tunisia	Libya	Chad	Morocco
1992		C	C		C, T			C	
1993		C	C		C, T			C	
1994		C	C		C, T			C	
1995		C	C		C, T				
1996			X		C, T				
1997					C, T			C	
1998					C, T			C	
1999			X		C, T			C	
2000					C, T			C	
2001					C, T			C	
2002					C, T	T		C	
2003		T	T		T				T
2004		T	T		T				
2005	X,T				T			C	
2006		C,T	T		T			C, T	
2007	T	C	C		T			C	
2008	X,T	C	C,T		T	PU		C, C	
2009	T	C,T	C, T		T			C	
2010	T	T	X, T	PU	T	PU			
2011	PU, T	T	T		T	PU	C		T, PU
2012		X,T,C	T		T	T	T, C		
2013		T,C	T		T	T	T, C		

Abb. 3: Entwicklung Politischer Stabilität in Afrika (Quelle: OECD/ SWAC 2014, S. 178).

Der arabische Frühling (2011) verstärkte eine Regionalisierung der jihadistischen Gruppen. Proteste und Unruhen schwächten den Staat. Dies hatte besonderen Einfluss auf Nord-Mali und Nigeria und stärkte die dort vorherrschenden jihadistischen Gruppen wie Al-Qaida im islamischen Maghreb, kurz AQIM (Mali), und Boko Haram (Nigeria) (vgl. Steinberg/ Weber 2015, S. 12-13).

Die nachfolgende Abbildung 4 zeigt die Position jihadistischer Gruppen in Afrika. Sichtbar wird, dass besonders AQIM in Nordmali und dessen Grenzgebieten großflächig verbreitet ist. Boko Haram kontrolliert ein großflächiges Gebiet in Nigeria und seinen Grenzgebieten. In Somalia kontrolliert die jihadistische Gruppe Al Shabab ein großflächiges Gebiet im Süden, auf welches in dieser Arbeit jedoch nicht weiter eingegangen wird, da es die Sahelzone nur entfernt betrifft.

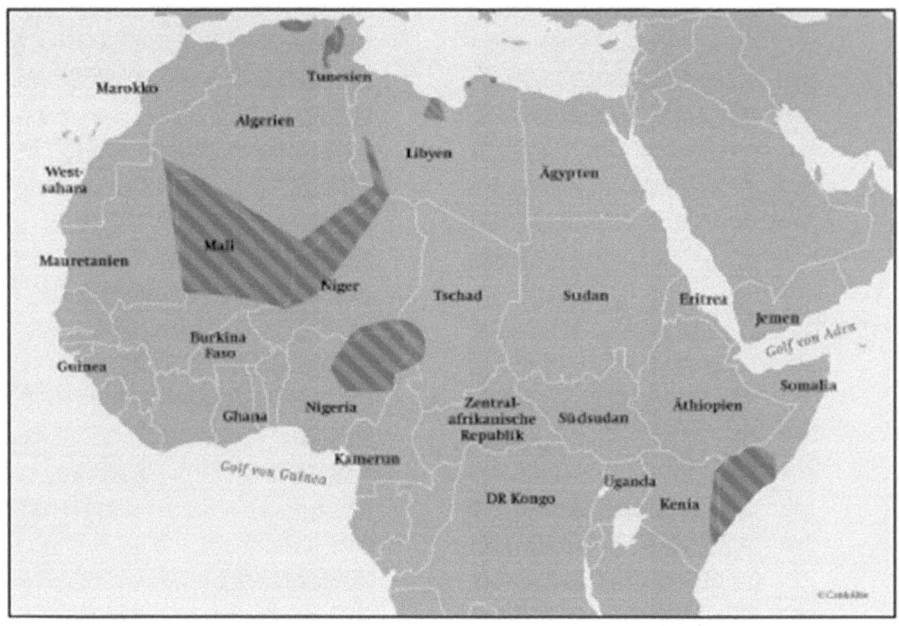

Abb. 4: Schwerpunkte terroristischer Aktivitäten in Afrika (Quelle: Steinberg/ Weber 2015, S. 6).

Terroristische Netzwerke breiten sich in Afrika und besonders in den Sahelstaaten aufgrund der vorherrschenden Gegebenheiten weiter aus. Dabei finanzieren sich die jihadistischen Gruppen meist durch Drogenschmuggel und Entführungen. Der Drogenschmuggel hat in Afrika schon vor langer Zeit Einzug gehalten. Seit 2005 verstärkt er sich durch den Schmuggel von Kokain aus Südamerika über Westafrika nach Europa. Hinzu kommt der Verkauf von Haschisch aus Marokko auf die arabische Halbinsel und der Waffenschmuggel. Entführungen westlicher Staatsbürger rücken zur Finanzierung terroristischer Machenschaften auch immer mehr in den Vordergrund. Dabei sollen die Beträge bei Lösegeldforderungen pro Geisel im Millionenbereich liegen. Auffällig ist auch, dass in vielen Fällen, in denen Lösegeld gefordert wurde, die Verhandlungen und Freilassungen von Geiseln über Nordmali und die AQIM organisiert wurden (vgl. Lacher 2011, S. 1-3). Von Jänner 2008 bis November 2012 wurden zum

Beispiel 39 westliche Staatsbürger in der Sahelzone entführt. Bis Dezember 2014 kamen 29 Personen frei, für welche Lösegeld bezahlt wurde, 7 Personen starben oder wurden getötet und weitere 3 befanden sich 2015 noch in Gefangenschaft. Bei den freigelassenen Geiseln wurde ein Lösegeld im niedrigen Millionenbereich bezahlt. Dies würde bedeuten, dass hier Einnahmen zwischen 35 und 50 Millionen Euro in fünf Jahren eingenommen wurden. Dies sind enorme Summen für die Sahelzone und insbesondere für Nordmali und spielen bei der Verankerung der jihadistischen Gruppen eine große Rolle. Ein weiteres Problem ist auch, dass die Regierung einen Teil der Lösegelder für die Vermittlung kassiert, was wiederum die missliche Lage und die Korruption zeigt (vgl. Steinberg/ Weber 2015, S.75).

3.3.1. Mali

Die Geschichte der Jihadisten in Nordmali lässt sich mit drei wichtigen Ereignisse erklären. Während der zweiten Amtszeit des malischen Präsidenten Amadou Toumani Touré (2007-2012) boten die Korruption und die Ausbreitung des kriminellen Netzwerks in Nordmali Platz für die Etablierung jihadistischer Gruppen. Aber schon seit den 1990er Jahren nutzte die algerische Al-Qaida (AQIM) Nordmali als Rückzugsort. Dabei knüpften sie immer mehr Kontakte zu der dort ansässigen Bevölkerung und mit der Zeit entwickelte sich eine Gruppe, die mehrheitlich aus Nordmaliern und Rekruten aus anderen Sahelstaaten bestand. Die Tuareg-Rebellion mit dem Militärputsch gegen Touré Anfang 2012 nutzten sie, um Allianzen mit lokalen Kriegsherren einzugehen und den Großteil Nordmalis unter ihre Kontrolle zu bringen. Zur Finanzierung dienten vor allem der Drogenschmuggel und die Einnahmen durch Lösegeldforderungen nach Entführungen westlicher Staatsbürger. Zu erwähnen ist auch, dass in Nordmali nicht nur eine jihadistische Gruppe vorherrscht, sondern mehrere Gruppierungen. Auch die Sahara-Gruppe der AQIM unter Belmokhtar bestand aus mehreren Gruppierungen, wobei Belmokhtar vor allem seine eigene Gruppe namens „al-Mulathamin" besonders kontrollierte und seine Befehlsmacht über andere Gruppen von Zeit zu Zeit schwankte. Abu Zaid mit seiner Gruppe namens „Tariq Ibn Ziyad-Brigade" war Belmokhtars stärkster Rivale um die Vorherrschaft der AQIM in Nordmali. Andere wichtige Gruppen waren „MUJAO" und „Ansar ad-Dine". Schlussendlich trennte sich Belmokhtar von AQIM und bildete seine eigene Gruppe, die „al-Mulwaqqi´un bi-d-dam", der sich alle Kämpfer anschlossen, die unter seinem Kommando standen. Er kooperierte auch verstärkt mit der Gruppierung MUJAO, welche sich von AQIM abgespaltet hatte. Nachdem der Norden Malis unter jihadistische Kontrolle fiel, teilten sie das Gebiet unter sich auf. Abu Zaid und Ansar ad-Dine übernahmen die Stadt Timbuktu und Belmokhtar und MUJAO die Stadt Gao. Dabei entwickelten sie eine Grundlage für einen Islamischen Staat.

Die nachfolgende Abbildung 5 zeigt die Situation in der Sahelzone Afrikas bis 2012, als die jihadistischen Gruppen ihren bisherigen Höchststand bzgl. ihrer terroristischen Aktivität erreichten. Sichtbar wird die Aufteilung auf die beiden zuvor erwähnten Städte, Timbuktu und Gao, die zu Operationszentren wurden. Des Weiteren erkennt man, dass die jihadistischen Gruppen in Nordmali bei der Anzahl der Anschläge hinter Boko Haram, welche hauptsächlich in Nigeria agiert, liegen. Eingezeichnet sind auch die Gebiete der Pan Sahel Initiative (ab 2001) und der Trans-Saharan-Counter Terrorism Initiative (ab 2005). Beide waren dafür zuständig, vorbeugende Maßnahmen gegen Terrorismus zu ergreifen.

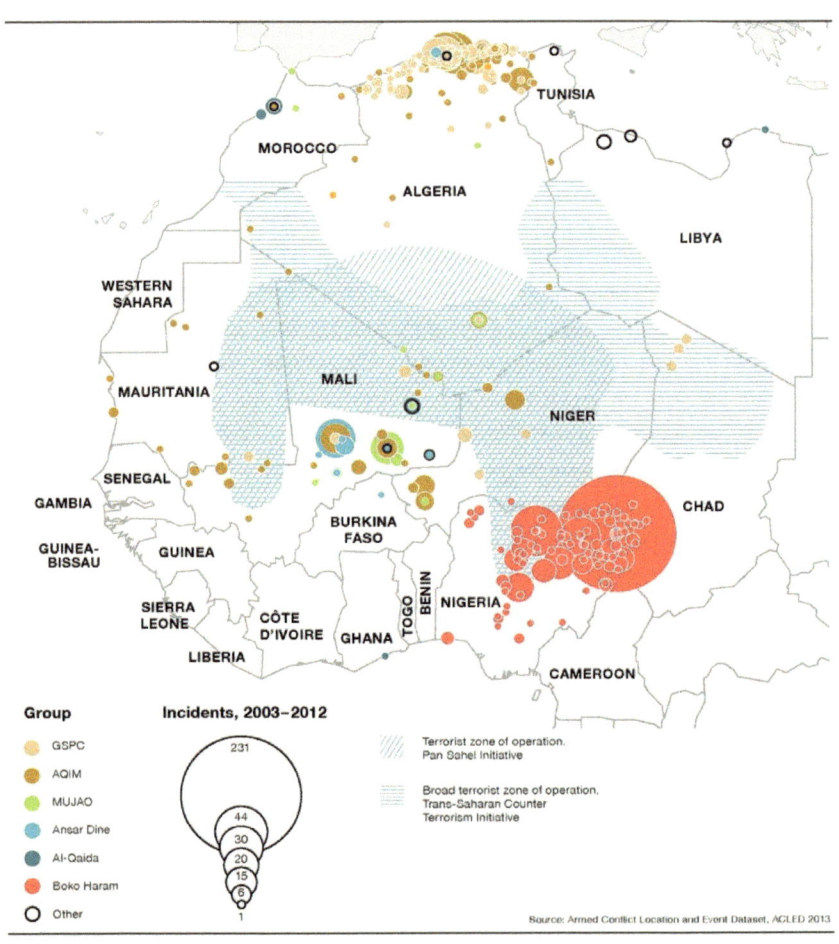

Abb. 5: Jihadistische Gruppen in der Sahelzone Afrikas bis 2012 (Quelle: OECD/ SWAC 2014, S. 195).

Im Januar 2013 fand dann die französische Intervention zur Vertreibung und Zerschlagung der Jihadisten und Rebellengruppen statt. Die Franzosen erreichten ihr Ziel und verhinderten die Gründung eines islamischen Staats, jedoch flohen die meisten Jihadisten in die Nachbarländer und stellten sich nicht dem Kampf. Danach formierte sich unter Belmokhtar, dem sich viele AQIM und MUJAO Anhänger anschlossen, die Gruppe al-Murabitun, welche weiter Anschläge verübte. Die Jihadisten konnten somit nicht vollkommen aufgehalten werden und durch genügend Geldmittel werden sie auch weiterhin vorherrschen (vgl. Steinberg/ Weber 2015, S. 73-89).

So sagen auch Steinberg und Weber in „Jihadismus in Afrika", dass es Zeit braucht, ein solches Netzwerk aufzubauen. Durch genügend Geldmittel und wenig Kontrolle von Seiten des Staats kann es außerdem expandieren.

„Innerhalb eines Jahrzehnts hat sich eine anfangs sehr begrenzte Zahl von algerischen Jihadisten in der Sahara zu einer lokal verankerten Bewegung entwickelt. Dazu trug eine Kombination von Faktoren bei - der wohl wichtigste waren europäische Steuermittel, die in Form von Lösegeldern gezahlt wurden. Anzeichen dafür, dass diese Finanzquelle der Jihadisten in nächster Zukunft versiegen wird, gibt es nicht. Ein anderer wesentlicher Faktor waren lokale Konflikte und der Zerfall staatlicher Strukturen, die jihadistische Gruppen für ihre Zwecke nutzen konnten" (Steinberg/ Weber 2015, S. 89).

In Mali wurde im Mai 2015 ein Friedensvertrag, das Algier-Abkommen, von der malischen Regierung, Milizen und Rebellen unterzeichnet. Das Algier-Abkommen umfasst vier Maßnahmen, welche das Land stabilisieren sollten. Erstens spezifische Entwicklungsprogramme für Nordmali. Zweitens die Rückkehr der Armee in den Norden und eine Reform des Sicherheitssektors. Drittens Prozesse gesellschaftlicher Versöhnung und viertens politisch-institutionelle Reformen mit einer Dezentralisierung und Regionalisierung mit stärkerer Selbstverwaltung im Norden. Jedoch konnten die festgelegten Ziele bis jetzt nicht erreicht und das Land nicht tabilisiert werden, die Lage in Mali verschlimmert sich sogar eher. Angriffe auf die Armee und die Friedensmission MINUSMA summieren sich (vgl. Tull 2016, S. 1-2). A auch Tull schreibt, dass sich die Lage in Mali verschlechtert:

„Alarmierend ist die Tatsache, dass Rechtlosigkeit und Gewalt in Zentral-Mali Fuß gefasst haben. Wo staatliche Präsenz hier überhaupt existiert, ist sie weitgehend symbolisch und auf urbane Zentren beschränkt. Auch im Süden breitet sich Unsicherheit aus" (Tull 2016, S. 2).

Die stationierten Männer im Norden Malis können ihre Aufgaben nicht erfüllen, da sie selbst zur Zielscheibe terroristischer Anschläge werden. Dabei spielt die Abwesenheit des Staates eine bedeutende Rolle (vgl. Tull 2016, S. 2-4).

Die nachfolgende Abbildung 6 zeigt die Ausbreitung der jihadistischen Gruppen in Afrika zwischen 2012 und 2015. Zu sehen ist die weitere Ausbreitung von Nordmali nach Zentralmali und den Süden, sowie auch die Ausbreitung des Wirkungsgebietes von Boko Haram in Nigeria.

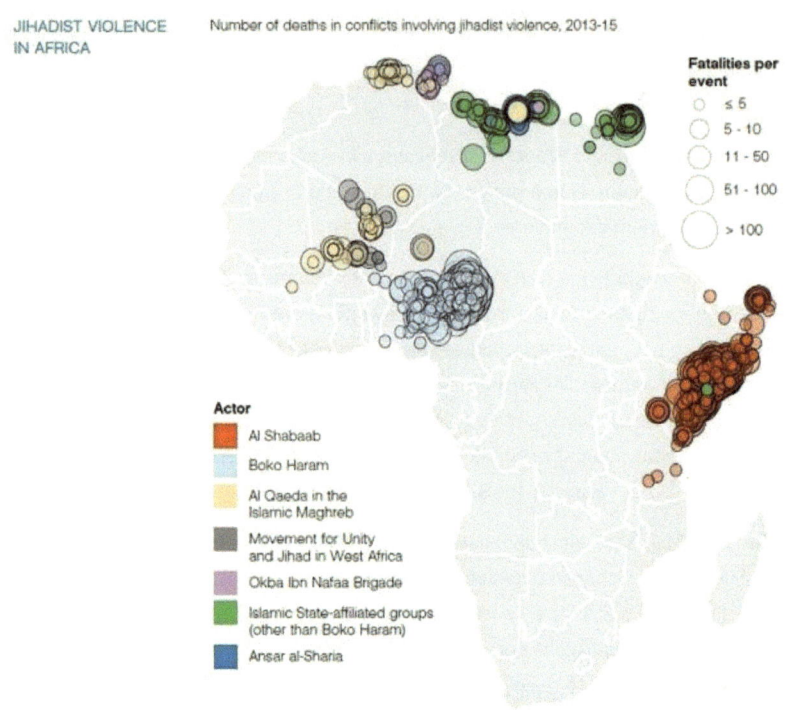

Abb. 6: Jihadismus in Afrika zwischen 2012 und 2015 (Quelle: MSC 2016, S. 33).

3.3.2. Nigeria

Ein weiteres wichtiges Gebiet in Afrika, das von jihadistischen Gruppen beherrscht wird, ist der Nordosten Nigerias und seine Grenzgebiete zum Tschad, Niger und Kamerun. Die dort wirkende jihadistische Gruppe nennt sich Boko Haram und befindet sich unter der Führung von Abubakar Shekau Seit 2009 stellt sie eine massive Bedrohung für den nigerianischen Staat dar. Gemessen an der Zahl der Todesopfer ist Boko Haram eine der weltweit gefährlichsten Terrorgruppen. Allein 2014 kamen mehr als 20 000 Personen bei Anschlägen von Boko Haram ums Leben.

Nigeria ist politisch, sozioökonomisch und religiös geteilt, dies geht auf die britische Kolonial-herrschaft 1860 zurück. Etwa 50% der Bevölkerung sind Muslime und ca. 40% Christen. Die anderen 10% gehören anderen Religionen an. Die Muslime bewohnen den Norden des Lan-des und die Christen den Süden. Die Bewohner des Nordens fühlen sich zudem wirtschaftlich benachteiligt, wofür sie den Christen im Süden die Schuld zuschreiben. Auch die Armut spielt in Nigeria eine große Rolle. So leben ca. 63% der Bevölkerung unter der Armutsgrenze, wobei diese wieder im Norden ausgeprägter ist als im Süden. Durch diesen Zwist zwischen Süden und Norden gewinnen jihadistische Ideologien immer mehr an Bedeutung und Boko Haram an Macht (vgl. Steinberg/ Weber 2015, S. 91-93).

Boko Haram sieht gegen den Angriff des Südens und die westliche Erziehung die Einführung der Sharia in ganz Nigeria als einzigen Ausweg. Dabei wollen sie einen Wandel des Lebens nach den Vorstellungen der Salafisten einführen und dies mit außerordentlicher Brutalität durchsetzen. Ihr Kampf richtet sich hauptsächlich gegen andere Glaubensrichtungen in Nige-ria, wobei auch Muslime, welche nicht nach der Sharia leben, dazugezählt werden. Allerdings werden auch die Nachbarländer Tschad, Niger und Kamerun besonders im Grenzgebiet zu Nigeria bedroht. Die Splittergruppe "Ansaru" grenzt sich jedoch von der Vernichtung aller nicht der Sharia folgenden Muslime ab und will ausschließlich nicht-nigerianische Staatsbürger be-kämpfen. Jedoch unterhalten beide Gruppen engen Kontakt. Shekau erklärte außerdem 2014, dass er die Ziele des IS (Islamischen Staat) unterstütze (vgl. Steinberg/ Weber 2015).

Abbildung 7 zeigt das Wirkungsgebiet und die Ausdehnung der jihadistischen Terrorgruppe Boko Haram. Zu sehen ist das von Boko Haram kontrollierte Gebiet, das die Sharia durchsetzt, in grüner Umrandung. Die rote Umrandung zeigt das Gebiet, in dem bis 2009 die Hauptaktivität von Boko Haram stattfand.

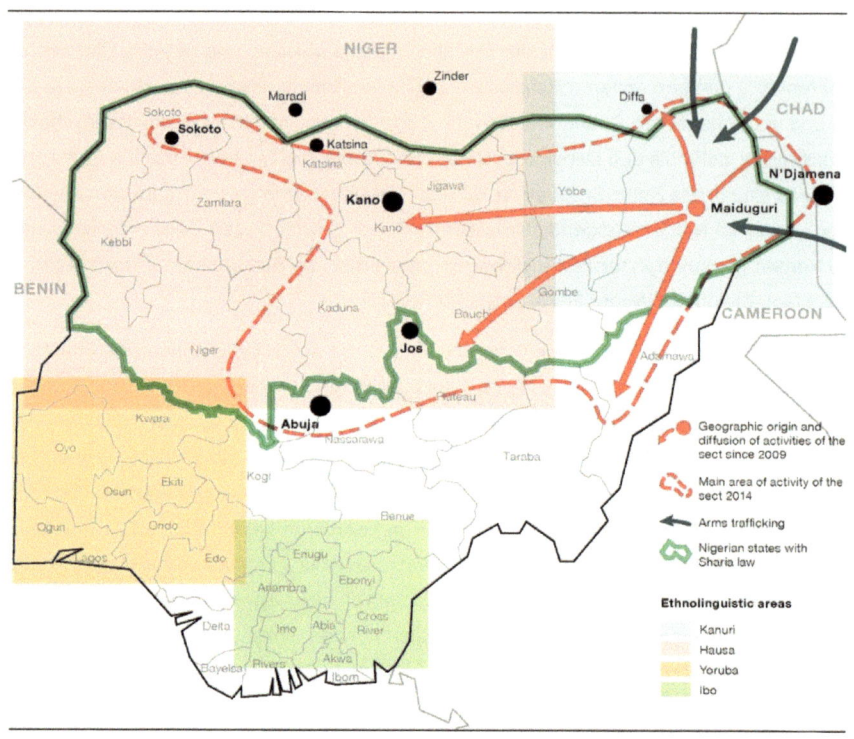

Abb. 7: Wirkungsgebiet von Boko Haram in Nigeria (Quelle: OECD/ SWAC 2014, S. 183).

Da Boko Haram immer mehr an Einfluss gewann, entschieden sich die Regierungen von Nigeria, Tschad, Kamerun und Niger Ende 2014 dazu, gegen die jihadistische Gruppe vorzugehen. Dazu wurden mehrere hundert Söldner aus Südafrika und der Ukraine rekrutiert. Auch die Afrikanische Union (AU) wollte sich dem Kampf gegen Boko Haram anschließen (vgl. Kappel 2015, S. 2). Im Dezember 2015 verkündete der Präsident von Nigeria, dass Boko Haram mit dem Tod von Shekau besiegt sei.

Die Situation in Nigeria hat sich seit 2009, dem Jahr der Radikalisierung in Nigeria durch Boko Haram, noch weiter verschlimmert. So leiden über 4 Millionen Menschen derzeit unter einer akuten Hungersnot. Die Bevölkerung steht vor Perspektivlosigkeit und fehlender Infrastruktur, welche die Ausbreitung von Terrorismus vergünstigen. Zudem ist zu befürchten, dass sich die Terrormiliz IS nach Afrika ausbreitet, da verhaftete Terroristen des IS in Senegal in Verdacht stehen, Kontakt zu Boko Haram zu pflegen. Dies stellt die Regierung von Nigeria vor sicherheitspolitische Probleme, welche einer Lösung bedürfen (vgl. Kinzel 2016, S. 2). Auch Mattes bestätigt die Ausbreitung des IS in Nordafrika.

„Primäres Ziel der von Abu Bakr al-Baghdadi alias „Kalif Ibrahim" angeführten IS-Jihadisten war es deshalb, vor allem in Nordafrika und Asien jihadistische Strukturen aufzubauen" (Mattes 2015, S.2).

Dieser Aufbau jihadistischer Gruppen in Afrika setzt sich aus drei Schritten zusammen. Erstens die Anwerbung bestehender jihadistischer Gruppen, die dem IS Treue schwören. Zweitens die Neurekrutierung und drittens die Entsendung erfahrener IS-Kämpfer aus Syrien und dem Irak in die neuen Gebiete. 2015 waren ca. 4000 ausländische Jihadisten im libyschen Gebiet anwesend.

Warum vor allem junge Erwachsene zwischen 18 und 25 Jahren so anfällig für die IS-Propaganda sind, lässt sich nur teilweise erklären. Faktoren, welche diese Entscheidung begünstigen, sind auf jeden Fall mangelnde Zukunftsperspektiven, psychische Probleme, fehlende Gruppenzugehörigkeit und religiöse Überzeugungen (vgl. Mattes 2015, S. 2-3).

Kinzel sagt auch, dass Boko Haram 2015 nicht besiegt wurde, da Shekau vorerst durch einen dem IS angehörigen Vertreter namens al- Barnawi ersetzt wurde und die Gruppe übernahm. Nach einiger Zeit wurde auch der angebliche Tod Shekaus widerlegt, als dieser wieder auftauchte.

„Klar scheint dagegen zu sein, dass sich Boko Haram gespalten hat. (…) Shekau hat sich in die Ursprungsgebiete Boko Harams im Nordosten Nigerias und die Grenzzonen zum Tschad, zu Kamerun und Niger zurückgezogen und überzieht die Region mit Bombenanschlägen, Selbstmordattentaten und Raubüberfällen, vorwiegend auf die Zivilbevölkerung. Der Boko-Haram-Flügel, der al- Barnawi untersteht, wird seine Angriffe dagegen eher gegen staatliche Stellen, Kirchen, Ausländer und internationale Organisationen richten, so wie es der IS schon länger fordert. Die Begründung dafür lautet, dass man durch Terror nur gegen die Zivilbevölkerung den Rückhalt und damit mittelfristig die Existenzgrundlage verliere" (Kinzel 2016, S. 1-2).

4. Fazit

In den Medien wird meist auf Terrorismus und insbesondere Aktivitäten jihadistischer Gruppen im Nahen Osten eingegangen und nur selten wird der Fokus auf Afrika gelenkt. Jedoch wird vermehrt sichtbar, dass man Afrika nicht übergehen sollte, denn laut Global Terrorism Index 2016 steht Nigeria auf Platz 3 der Staaten mit den höchsten Aktivitäten und Auswirkungen von Terrorismus und damit gleich hinter Afghanistan und dem Irak und noch vor Pakistan und Syrien. Sahelstaaten mit hoher Aktivität folgen ab Platz 16 mit Niger, Platz 18 Sudan, Platz 25 Mali und Platz 27 Tschad. Abbildung 8 zeigt die ersten 36 Ränge (vgl. Global Terrorism Index 2016, S.10).

RANK	COUNTRY	SCORE
1	Iraq	9.96
2	Afghanistan	9.444
3	Nigeria	9.314
4	Pakistan	8.613
5	Syria	8.587
6	Yemen	8.076
7	Somalia	7.548
8	India	7.484
9	Egypt	7.328
10	Libya	7.283
11	Ukraine	7.132
12	Philippines	7.098
13	Cameroon	7.002
14	Turkey	6.738
15	Thailand	6.706
16	Niger	6.682
17	Democratic Republic of the Congo	6.633
18	Sudan	6.6
19	Kenya	6.578
20	Central African Republic	6.518
21	South Sudan	6.497
22	Bangladesh	6.479
23	China	6.108
24	Lebanon	6.068
25	Mali	6.03
26	Colombia	5.954
27	Chad	5.83
28	Palestine	5.659
29	France	5.603
30	Russia	5.43
31	Burundi	5.417
32	Saudi Arabia	5.404
33	Israel	5.248
34	United Kingdom	5.08
35	Tunisia	4.963
36	United States	4.877

Abb. 8: Ersten 36 Ränge mit der höchsten Aktivität an Terrorismus (Quelle: Global Terrorism Index 2016, S.10).

Abbildung 8 macht sichtbar, welch hohen Stellenwert der Terrorismus in Nigeria, verursacht durch Boko Haram, im Weltgeschehen einnimmt.

Abbildung 9 zeigt, wie viele Anschläge seit dem Jahr 2000 von terroristischen Gruppen durchgeführt wurden. Auch hier zeigt sich wieder der Stellenwert Nigerias und der schnelle und hohe Anstieg zwischen 2011 und 2015.

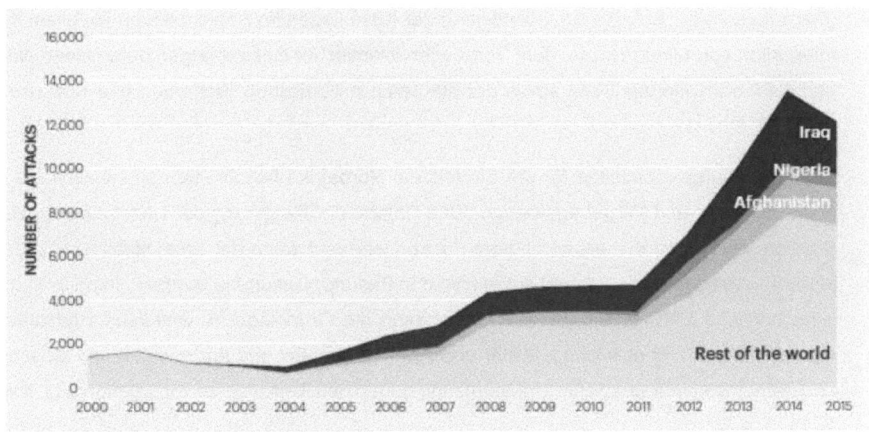

Abb. 9: Terroristische Anschläge zwischen dem Jahr 2000 und 2015 (Quelle: Global Terrorism Index 2016, S. 18).

Abbildung 10 zeigt die Zahl der Todesopfer, welche durch terroristische Aktivitäten verschuldet wurden. Auch hier liegt Nigeria mit über 20 000 Opfern im Jahr 2015 an zweiter Stelle hinter dem Irak.

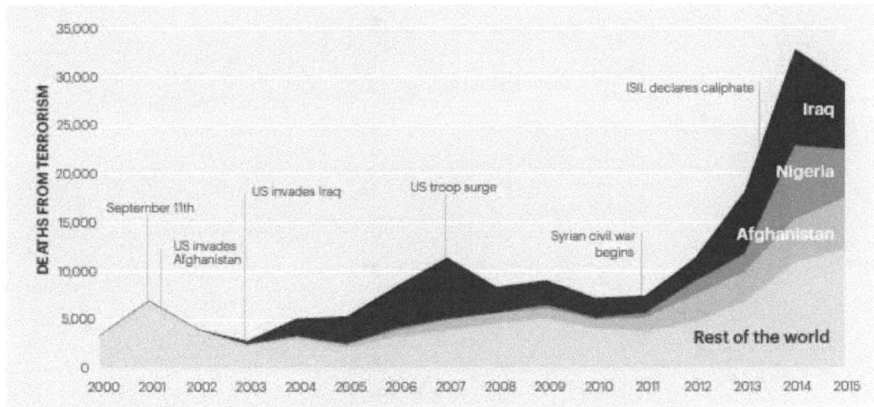

Abb. 10: Todesopfer durch Terrorismus (Quelle: Global Terrorism Index 2016, S.16).

Separatismus und Radikalisierung stehen im Mittelpunkt der Konflikte im Sahel. Lösungsversuche durch das Militär waren bis jetzt erfolglos. Kolb beschrieb schon 2013 Maßnahmen und Lösungsvorschläge für die Beendigung der Konflikte:

18

„Die notwendigen Schritte zur Beendigung der Krise liegen im Sahel deshalb vor allem in der Integration von Minderheiten, dem Vorbeugen islamischer Bestrebungen durch einen aktiven und reformorientierten Staat sowie der stärkeren militärischen Sicherung und Kooperation" (Kolb 2013, S. 3).

Diverse Lösungsvorschläge für die Situation in Nordafrika beschreiben so ziemlich die gleichen Probleme und Vorgehensweisen. Eine Reform der Regierung der einzelnen betroffenen Staaten erscheint dabei als wichtigster Punkt. Denn erst wenn der Staat stabil ist, die Bevölkerung Vertrauen in ihn hat und ausreichend in Bildung, Gesundheitswesen, Infrastruktur und wirtschaftliche Entwicklung investiert wird, kann die Grundlage für Jihadismus geschwächt werden. Danach ist es wichtig, Militär und Armeen ausreichend auszubilden und zu schulen und gemeinsam mit westlicher Unterstützung gegen den Terrorismus vorzugehen (vgl. Kappel 2015, S. 4-5).

Abbildungsverzeichnis

Literaturverzeichnis

Elischer, S. (2014): Salafisten in Afrika: nicht zwingend Wegbereiter des Terrorismus. In GIGA Focus Afrika. Nr. 2. In: https://www.giga-hamburg.de/de/publication/salafisten-in-afrika-nicht-zwingend-wegbereiter-des-terrorismus [29.11.2016].

Global Terrorism Index 2016: http://economicsandpeace.org/wp-content/uploads/2016/11/Global-Terrorism-Index-2016.2.pdf [15.02.2016].

Hanspeter, M. (2015): Islamistische Terrorgruppen in Nordafrika: trotz Bekämpfung immer mehr präsent. In: GIGA Focus Nahost. Nr. 2. In: https://www.giga-hamburg.de/de/publication/islamistische-terrorgruppen-in-nordafrika [29.11.2016].

Jörger, A. (2014): Die dschihadistische Weltkarte. In: http://info.arte.tv/de/die-dschihadistische-weltkarte [15.02.2017].

Kappel, R. (2015): Ausweitung der Kampfzone: Boko Haram und die Krise in Nigeria. In: https://www.giga-hamburg.de/de/system/files/publications/gf_afrika_1503.pdf [16.02.2017].

Kinzel, W. (2016): Nigeria wankt- nicht nur wegen Boko Haram. In: https://www.swp-berlin.org/fileadmin/contents/products/aktuell/2016A80_kzl.pdf [15.02.2017].

Kolb, A. (2013): Sicherheit und Entwicklung im Sahel. In: Analysen und Argumente. Ausgabe 133. In: http://www.kas.de/wf/doc/kas_35914-544-1-30.pdf [29.11.2016].

Kußerow, Hannelore (2014): Die Sahelzone Afrikas im Spannungsfeld zwischen Desertifikation und Salafismus. In: Zbl. Geol. Paläont. Teil I, Jg. 2014, Heft 1, 117–150.

Lacher, W. (2011): Organisierte Kriminalität und Terrorismus im Sahel. http://www.swp-berlin.org/de/publikationen/swp-aktuell-de/swp-aktuell-detail/article/organisierte_kriminalitaet_und_terrorismus_im_sahel.html [29.11.2016].

MSC (2016): Munich Security Report 2016. In: https://www.securityconference.de/fileadmin/MunichSecurityReport/MunichSecurityReport_2016.pdf [22.02.2016].

OECD/ SWAC (2014): An Atlas oft the Sahara-Sahel. Geography, Economics and Security. West African Studies. OECD Publishing. In: http://www.ffgi.net/files/dossier/dossier-einfuehrung-schroeter.pdf [11.12.2016].

Schröter, S. (2015): Salafismus und Jihadismus: Eine Einführung. In: http://www.ffgi.net/files/dossier/dossier-einfuehrung-schroeter.pdf [29.11.2016].

Seidensticker, T (2016): Islamismus. Geschichte, Vordenker, Organisationen. 4. Auflage. München: C.H. Beck.

Steinberg, G. (2012): Wer sind die Salafisten? In: https://www.swp-berlin.org/fileadmin/contents/products/aktuell/2012A28_sbg.pdf [29.11.2016].

Steinberg, G./Webber, A. (Hg.) (2015): Jihadismus in Afrika. Lokale Ursachen, regionale Ausbreitung, internationale Verbindungen. In: https://www.swp-berlin.org/fileadmin/contents/products/studien/2015_S07_sbg_web.pdf [29.11.2016].

Tull, D. (2016): Mali: Friedensprozess ohne Stabilisierung. In: https://www.swp-berlin.org/fileadmin/contents/products/aktuell/2016A75_tll.pdf [15.02.2017].